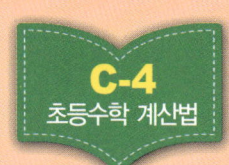

C-4
초등수학 계산법

10 · 분 · 의 · 비 · 법

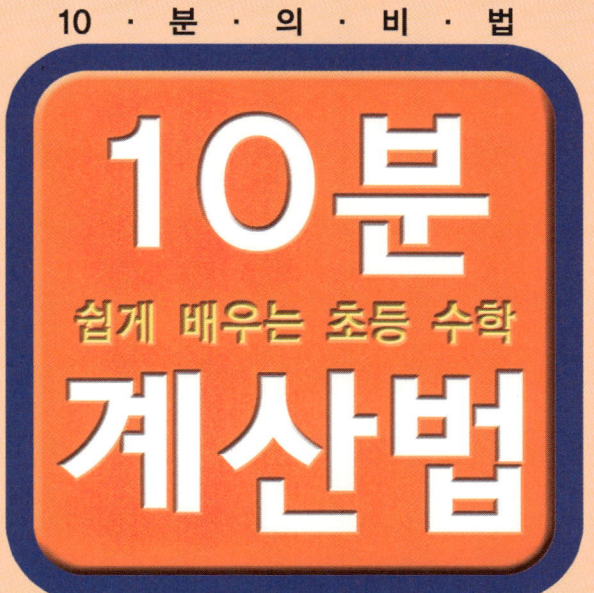

10분

쉽게 배우는 초등 수학

계산법

학습수학 연구회 편

(주)지원 JI-WON 출판

2012년 10월 10일 초판 **인쇄**
2012년 10월 15일 초판 **발행**

발행처 주식회사 지원 출판
발행인 김진용
기획 디자인여우야

주　소 경기도 파주시 탄현면 축현리 146
전　화 031-941-4474
팩　스 031-941-5495

등록번호 406-2008-000040호
ISBN 978-89-97157-32-7(63410)

이 책의 구성과 특징

수학의 기초가 튼튼해지는 10분 계산법

계산은 수학의 기본으로 숫자에 대한 감각을 익히고 기초 계산 능력을 향상시킴으로써 수학 공부의 기초를 튼튼히 할 수 있습니다.

두뇌를 발달시키고 숫자에 대한 감각을 익혀주는 10분 계산법

아이가 계산을 하다보면 숫자에 대한 감각을 익히고 계산의 논리를 깨우치게 됩니다.

논리적이고 합리적인 사고력과 문제 해결력을 길러 주는 10분 계산법

수학을 잘하는 어린이는 머리가 좋아서 잘하는 것이 아니라 수학의 계산법의 기술을 터득하여 잘하는 것입니다.

계산의 논리를 깨우치게 하는 10분 계산법

계산은 아이의 뇌를 자극하여 두뇌를 발달시킵니다. 그러다보면 집중력이 향상되어 공부의 습관이 길러집니다.

성취감을 알게 하는 10분 계산법

집중력이 향상되는 학습습관을 기르다보면 다른 공부까지 잘하게 되는 현상이 이어집니다.

스스로 공부하게 되는 10분 계산법

'10분 계산법'은 초등수학을 01~90단계로 기초-실력-완성편으로 단계별 능력별 학습법으로 구성되어 있습니다. 각 단계마다 8회의 반복 학습으로 충분히 연습할 수 있도록 하여 아이 스스로 공부할 수 있게 하였습니다.

차례

이 · 렇 · 게 · 지 · 도 · 해 · 주 · 세 · 요

1. 아이의 능력에 맞는 단계에서 시작합니다.

'10분 계산법'은 실력에 따라 단계별로 구성된 교재입니다.
학년이나 나이와 상관없이 아이의 수준에 따라 시작해주십시오. 그래야 아이가 공부에 대해 성취감과 자신감을 갖게 됩니다. 처음부터 어려움을 느낀다면 아이가 흥미를 잃게 됩니다.

2. 규칙적으로 꾸준히 공부하도록 분위기를 만들어 줍니다.

올바른 공부 방법은 규칙적으로 하는 것입니다. 하루도 빠짐없이 매일 10분씩이라도 정해진 분량을 공부하도록 합니다.

3. 계산 원리를 이해시키면 수학이 쉬워집니다.

수학의 기본적인 원리를 이해해야만 논리적인 사고력을 키울 수가 있습니다. 기본적인 원리를 이해시켜야 아이가 흥미를 가지고 집중력을 기를 수가 있습니다.

4. 단원의 마지막 마다 나오는 성취 테스트에서 아이의 성취도를 확인해 주세요.

성취 테스트에서 아이가 완전히 이해한 후 다음 단계로 넘어가 주세요. 능력에 맞는 학습 분량과 학습 시간을 체크해 가면서 학습 목표를 100% 달성하는 것이 중요합니다.

5. 문장 수학 논술 문제에서는 풀이 과정을 정확하게 적도록 해 주세요.

계산 원리를 제대로 이해했는지 알 수 있도록 해 주는 것이 풀이 과정입니다.

6. 아이에게 칭찬과 격려를 해 주세요.

아이는 자신감이 생겨야 집중력을 발휘할 수가 있습니다. 조금 부족하더라도 칭찬과 격려를 해주신다면 아이는 자신감이 생겨서 성적이 쑥쑥 오를 것 입니다.

C-4
초등수학 계산법

10 · 분 · 의 · 비 · 법

10분
쉽게 배우는 초등 수학
계산법

(주) 지원 출판

소수의 뺄셈

지도 내용   자리를 맞추어 식을 세우는 것을 알기 쉽게 가르칩니다. 가로식은 세로식으로 바꾸어 계산하는 것이 좋습니다.
가로식을 세로식으로 만들 때 소수점을 중심으로 자리를 잘 맞추는 것에 유의해야 합니다.

⊙ 자리 수가 다른 소수의 뺄셈

①
$$\begin{array}{r} 3.27 \\ -\ 1.40 \\ \hline \end{array}$$
자리를 잘 맞추어 식을 적습니다. 소수의 자리 수를 맞추기 위해 1.4의 뒤에 0을 적습니다.

②
$$\begin{array}{r} 3.27 \\ -\ 1.40 \\ \hline 7 \end{array}$$
7 − 0을 계산하여 7을 소수 둘째 자리에 내려 적습니다.

③
$$\begin{array}{r} 3.27 \\ -\ 1.40 \\ \hline 7 \end{array}$$
2에서 4를 뺄 수 없으므로 일의 자리에서 10을 빌려 옵니다. 2 위에 10을 작게 적고, 3를 지운 뒤 그 위에 2를 작게 적습니다.

④
$$\begin{array}{r} 3.27 \\ -\ 1.40 \\ \hline 87 \end{array}$$
10과 2를 더한 수 12에서 4를 뺀 8을 소수 첫째 자리에 적습니다.

⑤
$$\begin{array}{r} 3.27 \\ -\ 1.40 \\ \hline 1.87 \end{array}$$
2에서 1을 뺀 수 1을 일의 자리에 적고, 소수점을 찍어 줍니다.

소수의 뺄셈

76단계 종합 성적

참 잘했어요!	잘했어요!	열심히 했어요!
틀린 개수 0~2개	틀린 개수 3~5개	틀린 개수 6개 이상

● 학습 일정 관리표 ●

	정답수	오답수	공부한 날	확 인
76-01호				
76-02호				
76-03호				
76-04호				
76-05호				
76-06호				
76-07호				
76-08호				

• 엄마와 함께 공부하면서 아이가 직접 써 나가도록 지도해 주세요.
• 틀린 개수를 확인하고 왜 틀렸는지 다시 한번 내용을 확인해 주세요.

■ 다음 소수의 뺄셈을 하시오.

❶ 71 - 4.3 =

❷ 56.3 - 13.6 =

❸ 14.7 - 10.2 =

❹ 31 - 14.6 =

❺ 1.8 - 0.2 =

❻ 3.56 - 0.87 =

❼ 16.6 - 12.7 =

❽ 5.95 - 2.56 =

❾ 4.56 - 0.87 =

❿ 3.96 - 0.81 =

⓫ 6.62 - 3.74 =

⓬ 4 - 2.56 =

재미있게 공부 하는 문장 수학 논술 문제	1. 가경이는 미술 시간에 파란 물감 5.7g과 빨간 물감 2.9g을 사용하였습니다. 빨간 물감보다 파란 물감을 몇 g 더 사용했나요?

■ 다음 소수의 뺄셈을 하시오.

① 4.8 - 0.7 =

② 6.6 - 3.5 =

③ 4 - 0.87 =

④ 9 - 4.63 =

⑤ 3.5 - 1.56 =

⑥ 6.6 - 3.78 =

⑦ 4.75 - 0.08 =

⑧ 4.49 - 0.56 =

⑨ 3.56 - 1.95 =

⑩ 9.56 - 6.37 =

⑪ 3 - 1.56 =

⑫ 9.69 - 6.56 =

식을 세워 보자! _____

정답 : (   )

■ 다음 소수의 뺄셈을 하시오.

❶ $1.8 - 0.3 =$

❷ $4.5 - 2.5 =$

❸ $5.5 - 3.2 =$

❹ $5 - 2.95 =$

❺ $16 - 0.87 =$

❻ $4.5 - 2.75 =$

❼ $4.71 - 1.89 =$

❽ $7.56 - 5.87 =$

❾ $5 - 2.75 =$

❿ $9.56 - 6.5 =$

⓫ $5.95 - 2.87 =$

⓬ $7.5 - 3.75 =$

| 재미있게 공부 하는 문장 수학 논술 문제 | 2. 물통에 5.83리터의 물이 있었는데 꽃밭에 1.85리터의 물을 주었습니다. 물통에 남아 있는 물은 몇 리터일까요? |

다음 소수의 뺄셈을 하시오.

❶ $3.5 - 1.2 =$

❷ $5.3 - 2.8 =$

❸ $14.6 - 8.7 =$

❹ $31.5 - 22.6 =$

❺ $4 - 1.56 =$

❻ $3.5 - 1.96 =$

❼ $3.7 - 1.83 =$

❽ $1.8 - 0.56 =$

❾ $4.95 - 2.36 =$

❿ $5.37 - 0.81 =$

⓫ $9.36 - 4.64 =$

⓬ $7.09 - 5.83 =$

식을 세워 보자! _____

정답 : (   )

■ 다음 소수의 뺄셈을 하시오.

❶ 4.7 - 1.5 =

❷ 6.2 - 0.8 =

❸ 1.81 - 0.3 =

❹ 2.9 - 0.73 =

❺ 3.5 - 1.57 =

❻ 5 - 2.56 =

❼ 5.32 - 3.12 =

❽ 4.76 - 1.27 =

❾ 6.08 - 1.09 =

❿ 9.74 - 7.56 =

⓫ 9.32 - 7.75 =

⓬ 9 - 6.56 =

| 재미있게 공부 하는 문장 수학 논술 문제 | 3. 진수의 가방 무게는 9.95kg이고 은수의 가방 무게는 11.2kg입니다. 은수의 가방은 진수의 가방보다 몇 kg 더 무거울까요? |

■ 다음 소수의 **뺄셈**을 하시오.

① 6 - 4.7 =

② 4.8 - 2.6 =

③ 3 - 0.83 =

④ 1.83 - 0.63 =

⑤ 5.7 - 3.6 =

⑥ 4.4 - 2.07 =

⑦ 6.76 - 2.92 =

⑧ 6.89 - 2.69 =

⑨ 7.3 - 2.75 =

⑩ 4 - 0.95 =

⑪ 5.08 - 3.61 =

⑫ 5.19 - 1.5 =

식을 세워 보자! _____

정답 : (   )

■ 다음 소수의 뺄셈을 하시오.

❶ $4.6 - 0.9 =$

❷ $5.5 - 3.8 =$

❸ $2.87 - 0.31 =$

❹ $1.81 - 0.52 =$

❺ $4.39 - 2.45 =$

❻ $5 - 2.92 =$

❼ $52.5 - 16.9 =$

❽ $31.6 - 28.8 =$

❾ $3.1 - 2.07 =$

❿ $6.39 - 2.7 =$

⓫ $5.9 - 3.74 =$

⓬ $9.3 - 6.08 =$

재미있게 공부하는 문장 수학 논술 문제	4. 선민이는 3.68리터의 주스를 사서 1.89리터를 마셨습니다. 남아있는 주스는 몇 리터일까요?

■ 다음 소수의 뺄셈을 하시오.

❶ 10.2 - 0.7 =

❷ 5.3 - 2.8 =

❸ 19.5 - 10.9 =

❹ 22.5 - 19.8 =

❺ 28 - 14.6 =

❻ 1.83 - 0.09 =

❼ 9.64 - 3.96 =

❽ 8.56 - 5.34 =

❾ 4.74 - 2.52 =

❿ 4.09 - 2.56 =

⓫ 9.6 - 7.76 =

⓬ 5.75 - 3.6 =

식을 세워 보자! _____

정답 : (　　　　　　　　　　)

다음 소수의 뺄셈을 하시오.

❶ 9.8 - 2.7 =

❷ 3.6 - 1.08 =

❸ 1.81 - 0.3 =

❹ 71.7 - 68.9 =

❺ 5.5 - 3.09 =

❻ 2.07 - 0.89 =

❼ 64.9 - 58.2 =

❽ 8.07 - 5.84 =

❾ 8.86 - 6.07 =

❿ 11.5 - 7.3 =

⓫ 4.5 - 2.95 =

⓬ 1.7 - 0.36 =

⓭ 8.6 - 2.1 =

⓮ 4 - 1.25 =

⓯ 1.9 - 0.73 =

⓰ 5.74 - 2.8 =

⑰ $9.52 - 4.89 =$

⑱ $5 - 0.98 =$

⑲ $5.7 - 3.88 =$

⑳ $6.25 - 1.08 =$

㉑ $4.6 - 1.09 =$

㉒ $4.56 - 2.76 =$

㉓ $4.08 - 1.52 =$

㉔ $9.52 - 5.66 =$

테스트 결과표

성취도 테스트 문제는 앞 장의 공부가 끝나고 얼마나 정확하고 빠르게 습득했는지를 알아보기 위한 확인과정의 테스트입니다.

아이가 무엇을 이해 못하는지 어느 부분에서 실수를 하는지 보완하고 잡아주기 위한 자료로 활용하시면 아이에게 큰 도움이 될 것입니다.

정답수	24문제	21문제	18문제	18문제 이하
성취도	**아주 잘함**	**잘함**	**보통**	**부족함**

※ 정답은 뒷장에 있습니다.

77단계 지·도·내·용

최대공약수

지도 내용

- 약수 : 어떤 수를 나머지 없이 나누어 떨어지게 하는 수
- 공약수 : 둘 이상의 수의 약수 중 공통된 약수
- 최대 공약수 : 공약수 중에서 가장 큰 약수

⊙ 약수

3은 1, 3으로 나누어 떨어지고 6은 1, 2, 3, 6으로 나누어 떨어집니다.
여기서 3과 6을 나누어 떨어지게 하는 수를 '약수' 라고 합니다.

⊙ 공약수

3과 6의 약수를 보면 1, 3은 3의 약수인 동시에 6의 약수임을
알 수 있습니다. 여기서 1, 3은 3과 6의 '공약수' 입니다.

⊙ 최대공약수

공약수 중에서 가장 큰 수 3을 3과 6의 '최대공약수' 라 합니다.

76단계 성취도문제 정답	❶7.1	❷2.52	❸1.51	❹2.8	❺2.41	❻1.18	❼6.7	❽2.23
	❾2.79	❿4.2	⓫1.55	⓬1.34	⓭6.5	⓮2.75	⓯1.17	⓰2.94
	⓱4.63	⓲4.02	⓳1.82	⓴5.17	㉑3.51	㉒1.8	㉓2.56	㉔3.86

76단계 문장 수학 논술 문제 정답	1. 식 5.7−2.9 답 2.8	2. 식 5.83−1.85 답 3.98	3. 식 11.2−9.95 답 1.25	4. 식 3.68−1.89 답 1.79

최대공약수

77단계 종합 성적

참 잘했어요!	잘했어요!	열심히 했어요!
틀린 개수 0~2개	틀린 개수 3~5개	틀린 개수 6개 이상

● 학습 일정 관리표 ●

	정답수	오답수	공부한 날	확 인
77-01호				
77-02호				
77-03호				
77-04호				
77-05호				
77-06호				
77-07호				
77-08호				

• 엄마와 함께 공부하면서 아이가 직접 써 나가도록 지도해 주세요.

• 틀린 개수를 확인하고 왜 틀렸는지 다시 한번 내용을 확인해 주세요.

계단식으로 나눗셈을 거듭해서 최대공약수를 찾으시오.

❶ 7 · 28 =

❷ 3 · 9 =

❸ 12 · 38 =

❹ 12 · 20 =

❺ 4 · 22 =

❻ 24 · 34 =

❼ 21 · 66 =

❽ 12 · 24 =

❾ 24 · 64 =

❿ 21 · 49 =

⓫ 12 · 28 =

⓬ 8 · 24 =

⓭ 28 · 49 =

⓮ 54 · 72 =

⓯ 33 · 99 =

⓰ 52 · 78 =

재미있게 공부 하는 문장 수학 논술 문제	5. 32와 48의 최대공약수를 구하시오.

계단식으로 나눗셈을 거듭해서 최대공약수를 찾으시오.

❶ $15 \cdot 24 =$

❷ $24 \cdot 40 =$

❸ $5 \cdot 20 =$

❹ $9 \cdot 27 =$

❺ $12 \cdot 48 =$

❻ $8 \cdot 20 =$

❼ $26 \cdot 78 =$

❽ $11 \cdot 44 =$

❾ $16 \cdot 44 =$

❿ $6 \cdot 27 =$

⓫ $8 \cdot 32 =$

⓬ $14 \cdot 35 =$

⓭ $26 \cdot 65 =$

⓮ $24 \cdot 72 =$

⓯ $42 \cdot 60 =$

⓰ $20 \cdot 36 =$

식을 세워 보자! _____

정답 : (   )

■ 계단식으로 나눗셈을 거듭해서 최대공약수를 찾으시오.

❶ 6 · 24 =

❷ 16 · 40 =

❸ 24 · 40 =

❹ 9 · 21 =

❺ 26 · 65 =

❻ 9 · 54 =

❼ 16 · 48 =

❽ 13 · 52 =

❾ 8 · 20 =

❿ 10 · 25 =

⓫ 10 · 18 =

⓬ 14 · 35 =

⓭ 6 · 15 =

⓮ 8 · 28 =

⓯ 15 · 45 =

⓰ 36 · 90 =

재미있게 공부하는 문장 수학 논술 문제	6. 52와 78의 최대공약수를 구하시오.

■■ 계단식으로 나눗셈을 거듭해서 최대공약수를 찾으시오.

❶ $9 \cdot 15 =$

❷ $12 \cdot 42 =$

❸ $30 \cdot 48 =$

❹ $7 \cdot 35 =$

❺ $24 \cdot 72 =$

❻ $35 \cdot 42 =$

❼ $36 \cdot 63 =$

❽ $45 \cdot 54 =$

❾ $10 \cdot 40 =$

❿ $30 \cdot 25 =$

⓫ $20 \cdot 32 =$

⓬ $13 \cdot 39 =$

⓭ $8 \cdot 56 =$

⓮ $40 \cdot 56 =$

⓯ $25 \cdot 35 =$

⓰ $9 \cdot 24 =$

식을 세워 보자! _____

정답 : (   )

■ 계단식으로 나눗셈을 거듭해서 최대공약수를 찾으시오.

❶ 16 · 48 =

❷ 5 · 15 =

❸ 8 · 40 =

❹ 39 · 52 =

❺ 24 · 60 =

❻ 36 · 90 =

❼ 20 · 35 =

❽ 16 · 28 =

❾ 14 · 35 =

❿ 13 · 52 =

⓫ 21 · 35 =

⓬ 40 · 64 =

⓭ 18 · 45 =

⓮ 39 · 54 =

⓯ 28 · 90 =

⓰ 13 · 65 =

재미있게 공부하는 문장 수학 논술 문제	7. 64와 96의 최대공약수를 구하시오.

🔳 계단식으로 나눗셈을 거듭해서 최대공약수를 찾으시오.

❶ $12 \cdot 48 =$

❷ $9 \cdot 27 =$

❸ $10 \cdot 16 =$

❹ $52 \cdot 78 =$

❺ $21 \cdot 49 =$

❻ $22 \cdot 66 =$

❼ $36 \cdot 52 =$

❽ $9 \cdot 45 =$

❾ $21 \cdot 56 =$

❿ $15 \cdot 35 =$

⓫ $28 \cdot 49 =$

⓬ $42 \cdot 60 =$

⓭ $36 \cdot 90 =$

⓮ $18 \cdot 54 =$

⓯ $9 \cdot 36 =$

⓰ $56 \cdot 64 =$

식을 세워 보자! _____

정답 : (   )

■ 계단식으로 나눗셈을 거듭해서 최대공약수를 찾으시오.

❶ 9 · 36 =

❷ 12 · 20 =

❸ 6 · 14 =

❹ 15 · 60 =

❺ 36 · 45 =

❻ 49 · 56 =

❼ 40 · 72 =

❽ 21 · 28 =

❾ 20 · 35 =

❿ 42 · 70 =

⓫ 26 · 39 =

⓬ 39 · 52 =

⓭ 35 · 49 =

⓮ 21 · 35 =

⓯ 8 · 28 =

⓰ 48 · 72 =

재미있게 공부하는 문장 수학 논술 문제	8. 49와 147의 최대공약수를 구하시오.

■ 계단식으로 나눗셈을 거듭해서 최대공약수를 찾으시오.

❶ 4 · 10 =

❷ 2 · 14 =

❸ 18 · 72 =

❹ 5 · 35 =

❺ 28 · 74 =

❻ 9 · 36 =

❼ 12 · 20 =

❽ 21 · 84 =

❾ 12 · 42 =

❿ 48 · 72 =

⓫ 14 · 22 =

⓬ 18 · 30 =

⓭ 16 · 40 =

⓮ 63 · 72 =

⓯ 21 · 84 =

⓰ 12 · 32 =

식을 세워 보재!　_____

정답 : (　　　　　　　　)

■ 계단식으로 나눗셈을 거듭해서 최대공약수를 찾으시오.

❶ 18 · 30 =

❷ 21 · 49 =

❸ 16 · 40 =

❹ 20 · 32 =

❺ 8 · 28 =

❻ 15 · 35 =

❼ 14 · 35 =

❽ 10 · 35 =

❾ 26 · 65 =

❿ 16 · 40 =

⓫ 15 · 21 =

⓬ 30 · 75 =

⓭ 26 · 78 =

⓮ 14 · 49 =

⓯ 18 · 45 =

⓰ 16 · 80 =

⑰ $15 \cdot 33 =$

⑱ $10 \cdot 60 =$

⑲ $20 \cdot 35 =$

⑳ $10 \cdot 24 =$

㉑ $24 \cdot 56 =$

㉒ $14 \cdot 49 =$

㉓ $39 \cdot 42 =$

㉔ $35 \cdot 55 =$

테스트 결과표

성취도 테스트 문제는 앞 장의 공부가 끝나고 얼마나 정확하고 빠르게 습득했는지를 알아보기 위한 확인과정의 테스트입니다.
아이가 무엇을 이해 못하는지 어느 부분에서 실수를 하는지 보완하고 잡아주기 위한 자료로 활용하시면 아이에게 큰 도움이 될 것입니다.

정답수	24문제	21문제	18문제	18문제 이하
성취도	**아주 잘함**	**잘함**	**보통**	**부족함**

※ 정답은 뒷장에 있습니다.

약분하기

지도 내용

약분하기 전의 분수와 약분한 후의 분수의 크기가 같다는 것을 이해시킵니다.
최대공약수를 이용하여 약분을 하는 것을 가르쳐 주세요.

분수와 분모를 그들의 최대공약수로 나누는 것을 '약분' 한다고 하며 더 이상 약분 할 수 없는 분수, 즉 분모와 분자의 공약수가 1 뿐인 분수를 '기약분수' 라고 합니다.

⊙ **크기가 같은 분수**

$$\frac{4}{8} = \frac{2}{4}$$ ▶ $\frac{4}{8}$ 의 분자 분모를 2로 나눈 분수 $\frac{2}{4}$ 와 같고,

$\frac{2}{4}$ 의 분자 분모를 2로 나눈 분수

$$\frac{4}{8} = \frac{1}{2}$$ ▶ $\frac{1}{2}$ 과 서로 크기가 같습니다.

$$\frac{4}{8} = \frac{2}{4} = \frac{1}{2}$$

77단계 성취도문제 정답							
❶6	❷7	❸8	❹4	❺4	❻5	❼7	❽5
❾13	❿8	⓫3	⓬15	⓭26	⓮7	⓯9	⓰16
⓱3	⓲10	⓳5	⓴2	㉑8	㉒7	㉓3	㉔5

77단계 문장 수학 논술 문제 정답	
5. 식 2×16, 3×16 답 16	6.식 4×13, 6×13 답 13	7.식 2×32, 3×32 답 32	8.식 1×49, 3×49 답 49

약분하기

78단계 종합 성적

참 잘했어요!	잘했어요!	열심히 했어요!
틀린 개수 0~2개	틀린 개수 3~5개	틀린 개수 6개 이상

● 학습 일정 관리표 ●

	정답수	오답수	공부한 날	확 인
78-01호				
78-02호				
78-03호				
78-04호				
78-05호				
78-06호				
78-07호				
78-08호				

• 엄마와 함께 공부하면서 아이가 직접 써 나가도록 지도해 주세요.
• 틀린 개수를 확인하고 왜 틀렸는지 다시 한번 내용을 확인해 주세요.

■■ 다음 분수를 약분하시오.

❶ $\dfrac{6}{8} =$

❷ $\dfrac{8}{18} =$

❸ $\dfrac{9}{12} =$

❹ $\dfrac{10}{28} =$

❺ $\dfrac{6}{18} =$

❻ $\dfrac{26}{39} =$

❼ $\dfrac{6}{24} =$

❽ $\dfrac{26}{66} =$

❾ $\dfrac{26}{56} =$

❿ $\dfrac{24}{42} =$

⓫ $\dfrac{6}{9} =$

⓬ $\dfrac{15}{30} =$

⓭ $\dfrac{6}{14} =$

⓮ $\dfrac{12}{21} =$

재미있게 공부 하는 문장 수학 논술 문제	9. $\dfrac{12}{64}$ 를 약분하시오.

■ 다음 분수를 약분하시오.

① $\dfrac{2}{6} =$

② $\dfrac{12}{15} =$

③ $\dfrac{8}{32} =$

④ $\dfrac{18}{24} =$

⑤ $\dfrac{7}{35} =$

⑥ $\dfrac{12}{16} =$

⑦ $\dfrac{10}{36} =$

⑧ $\dfrac{16}{72} =$

⑨ $\dfrac{16}{64} =$

⑩ $\dfrac{36}{60} =$

⑪ $\dfrac{4}{12} =$

⑫ $\dfrac{9}{36} =$

⑬ $\dfrac{20}{40} =$

⑭ $\dfrac{14}{16} =$

식을 세워 보자! _____

정답 : (   )

■ 다음 분수를 약분하시오.

❶ $\dfrac{9}{21}=$

❷ $\dfrac{12}{28}=$

❸ $\dfrac{10}{14}=$

❹ $\dfrac{35}{56}=$

❺ $\dfrac{20}{45}=$

❻ $\dfrac{42}{72}=$

❼ $\dfrac{26}{65}=$

❽ $\dfrac{65}{78}=$

❾ $\dfrac{10}{14}=$

❿ $\dfrac{40}{64}=$

⓫ $\dfrac{27}{54}=$

⓬ $\dfrac{18}{27}=$

⓭ $\dfrac{22}{48}=$

⓮ $\dfrac{21}{35}=$

재미있게 공부 하는 문장 수학 논술 문제	10. $\dfrac{18}{72}$ 을 약분하시오.

■ 다음 분수를 약분하시오.

❶ $\dfrac{8}{12} =$

❷ $\dfrac{16}{28} =$

❸ $\dfrac{25}{45} =$

❹ $\dfrac{15}{48} =$

❺ $\dfrac{20}{24} =$

❻ $\dfrac{7}{21} =$

❼ $\dfrac{24}{42} =$

❽ $\dfrac{45}{54} =$

❾ $\dfrac{24}{56} =$

❿ $\dfrac{13}{78} =$

⓫ $\dfrac{7}{42} =$

⓬ $\dfrac{12}{16} =$

⓭ $\dfrac{24}{36} =$

⓮ $\dfrac{18}{72} =$

식을 세워 보자! _____

정답 : (   )

■ 다음 분수를 약분하시오.

① $\dfrac{6}{10} =$

② $\dfrac{14}{16} =$

③ $\dfrac{13}{52} =$

④ $\dfrac{5}{10} =$

⑤ $\dfrac{40}{72} =$

⑥ $\dfrac{6}{16} =$

⑦ $\dfrac{30}{40} =$

⑧ $\dfrac{24}{36} =$

⑨ $\dfrac{27}{63} =$

⑩ $\dfrac{27}{81} =$

⑪ $\dfrac{8}{16} =$

⑫ $\dfrac{12}{21} =$

⑬ $\dfrac{24}{60} =$

⑭ $\dfrac{9}{24} =$

재미있게 공부
하는 문장 수학
논술 문제

11. $\dfrac{39}{117}$ 를 약분하시오.

■ 다음 분수를 약분하시오.

① $\dfrac{14}{21} =$

② $\dfrac{4}{8} =$

③ $\dfrac{20}{24} =$

④ $\dfrac{28}{49} =$

⑤ $\dfrac{18}{30} =$

⑥ $\dfrac{27}{72} =$

⑦ $\dfrac{10}{45} =$

⑧ $\dfrac{24}{72} =$

⑨ $\dfrac{32}{48} =$

⑩ $\dfrac{9}{27} =$

⑪ $\dfrac{9}{15} =$

⑫ $\dfrac{6}{10} =$

⑬ $\dfrac{21}{35} =$

⑭ $\dfrac{26}{91} =$

식을 세워 보자! _____

정답 : (   )

■ 다음 분수를 약분하시오.

❶ $\dfrac{6}{16} =$

❷ $\dfrac{20}{24} =$

❸ $\dfrac{16}{28} =$

❹ $\dfrac{4}{12} =$

❺ $\dfrac{9}{24} =$

❻ $\dfrac{24}{64} =$

❼ $\dfrac{28}{49} =$

❽ $\dfrac{35}{49} =$

❾ $\dfrac{7}{42} =$

❿ $\dfrac{45}{54} =$

⓫ $\dfrac{24}{36} =$

⓬ $\dfrac{10}{16} =$

⓭ $\dfrac{24}{32} =$

⓮ $\dfrac{10}{12} =$

재미있게 공부하는 문장 수학 논술 문제	12. $\dfrac{42}{141}$ 를 약분하시오.

■ 다음 분수를 약분하시오.

❶ $\dfrac{12}{20} =$

❷ $\dfrac{8}{14} =$

❸ $\dfrac{12}{21} =$

❹ $\dfrac{36}{81} =$

❺ $\dfrac{14}{35} =$

❻ $\dfrac{26}{65} =$

❼ $\dfrac{30}{48} =$

❽ $\dfrac{33}{44} =$

❾ $\dfrac{26}{52} =$

❿ $\dfrac{30}{54} =$

⓫ $\dfrac{12}{21} =$

⓬ $\dfrac{24}{40} =$

⓭ $\dfrac{8}{10} =$

⓮ $\dfrac{40}{48} =$

식을 세워 보자! _____

정답 : (   )

다음 분수를 약분하시오.

❶ $\dfrac{6}{10} =$

❷ $\dfrac{15}{25} =$

❸ $\dfrac{25}{30} =$

❹ $\dfrac{42}{63} =$

❺ $\dfrac{7}{21} =$

❻ $\dfrac{35}{45} =$

❼ $\dfrac{65}{78} =$

❽ $\dfrac{45}{54} =$

❾ $\dfrac{14}{49} =$

❿ $\dfrac{40}{72} =$

⓫ $\dfrac{15}{24} =$

⓬ $\dfrac{12}{20} =$

⓭ $\dfrac{14}{35} =$

⓮ $\dfrac{9}{24} =$

⑮ $\dfrac{21}{24} =$

⑯ $\dfrac{35}{56} =$

⑰ $\dfrac{13}{52} =$

⑱ $\dfrac{36}{81} =$

⑲ $\dfrac{28}{63} =$

⑳ $\dfrac{27}{36} =$

테스트 결과표

성취도 테스트 문제는 앞 장의 공부가 끝나고 얼마나 정확하고 빠르게 습득했는지를 알아보기 위한 확인과정의 테스트입니다.

아이가 무엇을 이해 못하는지 어느 부분에서 실수를 하는지 보완하고 잡아주기 위한 자료로 활용하시면 아이에게 큰 도움이 될 것입니다.

정답수	20문제	18문제	16문제	16문제 이하
성취도	**아주 잘함**	**잘함**	**보통**	**부족함**

※ 정답은 뒷장에 있습니다.

최소공배수

지도 내용

최소공배수는 다음 단계에서 공부할 '통분'을 하기 위해서 꼭 알아야 할 내용이므로 여러번 반복하여 익히도록 합니다.

- 배수 : 어떤 수에 1, 2, 3…을 곱하여 나온 수

  3의 배수 - 3, 6, 9, 12, 15, 18, 21, 24…

  4의 배수 - 4, 8, 12, 16, 20, 24…

- 공배수 : 두 수의 공통인 배수

  3과 4의 배수 중에서 12, 24는 '공배수' 입니다.

- 최소공배수 : 공배수 중에서 가장 작은 공배수

  3과 4의 공배수 중 가장 작은 수 12는 '최소공배수' 입니다.

⊙ **최소공배수 구하기**

```
2) 12   16
2)  6    8
    3    4
```

☞ **2×2×3×4 = 48**

최소공배수 : 48

최소공배수를 구하는 방법은 최대공약수를 구하는 방법과 비슷합니다. 최대공약수를 구하는 방법으로 계산을 마친 후, 최대공약수와 그 몫을 곱하면 최소공배수를 구할 수 있습니다.

78단계 성취도문제 정답

❶ $\frac{3}{5}$	❷ $\frac{3}{5}$	❸ $\frac{5}{6}$	❹ $\frac{2}{3}$	❺ $\frac{1}{3}$	❻ $\frac{7}{9}$	❼ $\frac{5}{6}$	❽ $\frac{5}{6}$	❾ $\frac{2}{7}$	❿ $\frac{5}{9}$
⓫ $\frac{5}{8}$	⓬ $\frac{3}{5}$	⓭ $\frac{2}{5}$	⓮ $\frac{3}{8}$	⓯ $\frac{7}{8}$	⓰ $\frac{5}{8}$	⓱ $\frac{1}{4}$	⓲ $\frac{4}{9}$	⓳ $\frac{4}{9}$	⓴ $\frac{3}{4}$

78단계 문장 수학 논술 문제 정답

9.식 $\frac{6}{32}$ 답 $\frac{3}{16}$

10.식 $\frac{9}{36} = \frac{3}{12}$ 답 $\frac{1}{4}$

11.식 $\frac{39}{117}$ 답 $\frac{13}{39}$

12.식 $\frac{42}{141}$ 답 $\frac{14}{47}$

최소공배수

79단계 종합 성적

참 잘했어요!	잘했어요!	열심히 했어요!
틀린 개수 0~2개	틀린 개수 3~5개	틀린 개수 6개 이상

● 학습 일정 관리표 ●

	정답수	오답수	공부한 날	확 인
79-01호				
79-02호				
79-03호				
79-04호				
79-05호				
79-06호				
79-07호				
79-08호				

• 엄마와 함께 공부하면서 아이가 직접 써 나가도록 지도해 주세요.

• 틀린 개수를 확인하고 왜 틀렸는지 다시 한번 내용을 확인해 주세요.

■ 계단식으로 나눗셈을 거듭해서 최소공배수를 찾으시오.

❶ 3 · 15 =

❷ 10 · 15 =

❸ 11 · 22 =

❹ 13 · 65 =

❺ 16 · 32 =

❻ 12 · 16 =

❼ 4 · 6 =

❽ 10 · 12 =

❾ 2 · 8 =

❿ 15 · 20 =

⓫ 3 · 4 =

⓬ 18 · 30 =

⓭ 3 · 8 =

⓮ 12 · 15 =

재미있게 공부 하는 문장 수학 논술 문제	13. 3과 7의 최소공배수를 구하시오.

■ 계단식으로 나눗셈을 거듭해서 최소공배수를 찾으시오.

① $6 \cdot 8 =$

② $4 \cdot 19 =$

③ $5 \cdot 8 =$

④ $14 \cdot 28 =$

⑤ $8 \cdot 9 =$

⑥ $4 \cdot 9 =$

⑦ $3 \cdot 15 =$

⑧ $14 \cdot 49 =$

⑨ $2 \cdot 13 =$

⑩ $5 \cdot 17 =$

⑪ $9 \cdot 21 =$

⑫ $12 \cdot 30 =$

⑬ $3 \cdot 17 =$

⑭ $16 \cdot 24 =$

식을 세워 보자! _____

정답 : (   )

■ 계단식으로 나눗셈을 거듭해서 최소공배수를 찾으시오.

❶ 3 · 9 =

❷ 3 · 11 =

❸ 9 · 21 =

❹ 8 · 12 =

❺ 13 · 65 =

❻ 12 · 32 =

❼ 10 · 14 =

❽ 12 · 18 =

❾ 14 · 28 =

❿ 3 · 5 =

⓫ 4 · 7 =

⓬ 5 · 17 =

⓭ 3 · 8 =

⓮ 10 · 18 =

재미있게 공부
하는 문장 수학
논술 문제

14. 12와 36의 최소공배수를 구하시오.

■ 계단식으로 나눗셈을 거듭해서 최소공배수를 찾으시오.

❶ 2 · 4 =

❷ 3 · 17 =

❸ 5 · 7 =

❹ 8 · 20 =

❺ 5 · 16 =

❻ 2 · 9 =

❼ 11 · 22 =

❽ 4 · 10 =

❾ 14 · 49 =

❿ 15 · 20 =

⓫ 15 · 25 =

⓬ 54 · 6 =

⓭ 12 · 16 =

⓮ 24 · 32 =

식을 세워 보자! _____

정답 : (   )

■ 계단식으로 나눗셈을 거듭해서 최소공배수를 찾으시오.

❶ $5 \cdot 7 =$

❷ $10 \cdot 20 =$

❸ $5 \cdot 15 =$

❹ $9 \cdot 27 =$

❺ $6 \cdot 15 =$

❻ $5 \cdot 35 =$

❼ $12 \cdot 16 =$

❽ $8 \cdot 18 =$

❾ $12 \cdot 42 =$

❿ $16 \cdot 32 =$

⓫ $16 \cdot 24 =$

⓬ $18 \cdot 27 =$

⓭ $3 \cdot 17 =$

⓮ $13 \cdot 65 =$

재미있게 공부 하는 문장 수학 논술 문제	15. 13과 14의 최소공배수를 구하시오.

■ 계단식으로 나눗셈을 거듭해서 최소공배수를 찾으시오.

❶ 4 · 17 =

❷ 12 · 20 =

❸ 13 · 91 =

❹ 9 · 15 =

❺ 8 · 36 =

❻ 14 · 35 =

❼ 8 · 20 =

❽ 18 · 45 =

❾ 14 · 42 =

❿ 10 · 40 =

⓫ 12 · 16 =

⓬ 5 · 17 =

⓭ 3 · 15 =

⓮ 16 · 40 =

식을 세워 보자! _____

정답 : (   )

■ 계단식으로 나눗셈을 거듭해서 최소공배수를 찾으시오.

❶ 3 · 17 =

❷ 15 · 25 =

❸ 12 · 28 =

❹ 18 · 36 =

❺ 14 · 35 =

❻ 13 · 78 =

❼ 18 · 30 =

❽ 26 · 39 =

❾ 16 · 40 =

❿ 4 · 19 =

⓫ 2 · 33 =

⓬ 8 · 32 =

⓭ 12 · 42 =

⓮ 13 · 65 =

재미있게 공부 하는 문장 수학 논술 문제	16. 9와 15의 최소공배수를 구하시오.

■ 계단식으로 나눗셈을 거듭해서 최소공배수를 찾으시오.

❶ 10 · 50 =

❷ 14 · 49 =

❸ 18 · 45 =

❹ 12 · 42 =

❺ 18 · 27 =

❻ 2 · 38 =

❼ 11 · 55 =

❽ 12 · 20 =

❾ 10 · 12 =

❿ 18 · 30 =

⓫ 13 · 52 =

⓬ 15 · 18 =

⓭ 12 · 32 =

⓮ 16 · 48 =

식을 세워 보자! _____

정답 : (　　　　　　　　)

■ 계단식으로 나눗셈을 거듭해서 최소공배수를 찾으시오.

❶ 14 · 21 =

❷ 14 · 28 =

❸ 12 · 16 =

❹ 15 · 18 =

❺ 13 · 26 =

❻ 14 · 49 =

❼ 6 · 8 =

❽ 12 · 30 =

❾ 12 · 18 =

❿ 12 · 15 =

⓫ 3 · 17 =

⓬ 4 · 10 =

⓭ 10 · 25 =

⓮ 6 · 18 =

⓯ 2 · 8 =

⓰ 10 · 12 =

⑰ $12 \cdot 20 =$

⑱ $12 \cdot 21 =$

⑲ $4 \cdot 18 =$

⑳ $18 \cdot 27 =$

㉑ $14 \cdot 49 =$

㉒ $18 \cdot 30 =$

㉓ $9 \cdot 21 =$

㉔ $12 \cdot 28 =$

테스트 결과표

성취도 테스트 문제는 앞 장의 공부가 끝나고 얼마나 정확하고 빠르게 습득했는 지를 알아보기 위한 확인과정의 테스트입니다.

아이가 무엇을 이해 못하는지 어느 부분에서 실수를 하는지 보완하고 잡아주기 위한 자료로 활용하시면 아이에게 큰 도움이 될 것입니다.

정답수	24문제	21문제	18문제	18문제 이하
성취도	**아주 잘함**	**잘함**	**보통**	**부족함**

※ 정답은 뒷장에 있습니다.

통분하기

지도 내용

통분을 하기 위해서는 최소공배수 구하는 방법을 알아야 합니다.
충분히 숙지하지 못했다면 이해하도록 가르칩니다.
분모가 다른 분수들의 분모를 같게 하는 것을 '통분한다' 고 하고,
통분한 분모를 '공통분모' 라 합니다.

⊙ **분모가 공약수를 가지지 않는 경우**

$$\frac{1}{3} + \frac{2}{4} = \frac{1\times4}{3\times4} + \frac{2\times3}{4\times3} = \frac{4}{12} + \frac{6}{12}$$

▶ 분모끼리 서로 곱한 수를 공통분모로 하고, 분자를 서로 엇갈리게
곱하면 통분할수 있습니다.

⊙ **한 분수의 분모가 다른 분수의 분모의 배수인 경우**

$$\frac{1}{3} + \frac{3}{6} = \frac{1\times2}{3\times2} + \frac{3}{6} = \frac{2}{6} + \frac{3}{6}$$

▶ 6은 3의 배수이므로 3분1의 분모에 2를 곱하고 분자에도 2를 곱
하면 통분할 수 있습니다.

79단계 성취도문제 정답	❶42	❷28	❸48	❹90	❺26	❻98	❼24	❽60
	❾36	❿60	⓫51	⓬20	⓭50	⓮18	⓯8	⓰60
	⓱60	⓲84	⓳36	⓴54	㉑98	㉒90	㉓63	㉔84

79단계 문장 수학 논술 문제 정답	13. 식 3×7 답 21	14.식 12×3 답 36	15.식 13×14 답 182	16.식 3×15 답 45

통분하기

80단계 종합 성적

참 잘했어요!	잘했어요!	열심히 했어요!
틀린 개수 0~2개	틀린 개수 3~5개	틀린 개수 6개 이상

● 학습 일정 관리표 ●

	정답수	오답수	공부한 날	확 인
80-01호				
80-02호				
80-03호				
80-04호				
80-05호				
80-06호				
80-07호				
80-08호				

• 엄마와 함께 공부하면서 아이가 직접 써 나가도록 지도해 주세요.

• 틀린 개수를 확인하고 왜 틀렸는지 다시 한번 내용을 확인해 주세요.

■ 다음 분수를 통분만 하시오.

❶ $\dfrac{1}{3} - \dfrac{2}{4} =$

❷ $\dfrac{1}{2} - \dfrac{3}{5} =$

❸ $\dfrac{2}{3} - \dfrac{4}{6} =$

❹ $\dfrac{4}{10} - \dfrac{3}{18} =$

❺ $\dfrac{3}{5} - \dfrac{9}{15} =$

❻ $\dfrac{7}{14} - \dfrac{23}{42} =$

❼ $\dfrac{10}{13} - \dfrac{88}{91} =$

❽ $\dfrac{2}{8} - \dfrac{4}{10} =$

❾ $\dfrac{3}{6} - \dfrac{4}{15} =$

❿ $\dfrac{1}{4} - \dfrac{3}{10} =$

⓫ $\dfrac{5}{8} - \dfrac{22}{28} =$

⓬ $\dfrac{12}{18} - \dfrac{16}{30} =$

⓭ $\dfrac{1}{3} - \dfrac{11}{14} =$

⓮ $\dfrac{15}{26} - \dfrac{19}{39} =$

재미있게 공부 하는 문장 수학 논술 문제	17. 예린이는 $\dfrac{3}{7}$ 리터의 우유를 마셨고, 예준이는 $\dfrac{5}{6}$ 리터의 우유를 마셨습니다. 둘이 마신 우유의 양은 몇 리터일까요?

다음 분수를 통분만 하시오.

❶ $\dfrac{2}{4} - \dfrac{9}{16} =$

❷ $\dfrac{3}{5} - \dfrac{4}{9} =$

❸ $\dfrac{7}{10} - \dfrac{9}{12} =$

❹ $\dfrac{14}{18} - \dfrac{31}{36} =$

❺ $\dfrac{7}{12} - \dfrac{20}{28} =$

❻ $\dfrac{10}{14} - \dfrac{42}{49} =$

❼ $\dfrac{13}{16} - \dfrac{21}{24} =$

❽ $\dfrac{1}{2} - \dfrac{1}{3} =$

❾ $\dfrac{2}{3} - \dfrac{12}{16} =$

❿ $\dfrac{4}{6} - \dfrac{13}{15} =$

⓫ $\dfrac{3}{5} - \dfrac{14}{17} =$

⓬ $\dfrac{12}{15} - \dfrac{24}{30} =$

⓭ $\dfrac{16}{18} - \dfrac{42}{45} =$

⓮ $\dfrac{11}{12} - \dfrac{16}{18} =$

식을 세워 보자! _____

정답 : (   )

■ 다음 분수를 통분만 하시오.

1 $\dfrac{2}{4} - \dfrac{3}{5} =$

2 $\dfrac{2}{2} - \dfrac{8}{12} =$

3 $\dfrac{2}{2} - \dfrac{10}{15} =$

4 $\dfrac{8}{8} - \dfrac{8}{10} =$

5 $\dfrac{11}{12} - \dfrac{11}{15} =$

6 $\dfrac{4}{5} - \dfrac{35}{40} =$

7 $\dfrac{15}{18} - \dfrac{23}{24} =$

8 $\dfrac{1}{3} - \dfrac{7}{10} =$

9 $\dfrac{2}{3} - \dfrac{10}{13} =$

10 $\dfrac{2}{5} - \dfrac{11}{15} =$

11 $\dfrac{11}{14} - \dfrac{18}{21} =$

12 $\dfrac{13}{16} - \dfrac{21}{24} =$

13 $\dfrac{15}{18} - \dfrac{33}{36} =$

14 $\dfrac{11}{15} - \dfrac{21}{25} =$

재미있게 공부 하는 문장 수학 논술 문제	18. 성희와 성혁이는 1,000m 이어달리기를 했습니다. 성희는 전체의 $\dfrac{5}{12}$를 달렸고, 성혁이는 $\dfrac{4}{9}$를 달렸습니다. 둘이 달린 거리는 전체의 얼마나 될까요?

다음 분수를 통분만 하시오.

❶ $\dfrac{3}{5} - \dfrac{7}{8} =$

❷ $\dfrac{1}{2} - \dfrac{1}{3} =$

❸ $\dfrac{2}{5} - \dfrac{10}{12} =$

❹ $\dfrac{11}{14} - \dfrac{47}{49} =$

❺ $\dfrac{11}{13} - \dfrac{25}{26} =$

❻ $\dfrac{10}{13} - \dfrac{63}{65} =$

❼ $\dfrac{8}{10} - \dfrac{19}{20} =$

❽ $\dfrac{2}{4} - \dfrac{6}{7} =$

❾ $\dfrac{2}{4} - \dfrac{13}{14} =$

❿ $\dfrac{10}{12} - \dfrac{41}{42} =$

⓫ $\dfrac{3}{5} - \dfrac{10}{13} =$

⓬ $\dfrac{2}{5} - \dfrac{11}{12} =$

⓭ $\dfrac{10}{12} - \dfrac{17}{18} =$

⓮ $\dfrac{8}{12} - \dfrac{3}{4} =$

식을 세워 보자! _____

정답 : (   )

■ 다음 분수를 통분만 하시오.

① $\dfrac{7}{9} - \dfrac{2}{3} =$

② $\dfrac{6}{5} - \dfrac{6}{7} =$

③ $\dfrac{1}{5} - \dfrac{12}{14} =$

④ $\dfrac{9}{12} - \dfrac{15}{18} =$

⑤ $\dfrac{2}{5} - \dfrac{14}{16} =$

⑥ $\dfrac{10}{12} - \dfrac{35}{36} =$

⑦ $\dfrac{11}{13} - \dfrac{64}{65} =$

⑧ $\dfrac{6}{8} - \dfrac{9}{10} =$

⑨ $\dfrac{1}{2} - \dfrac{4}{7} =$

⑩ $\dfrac{5}{8} - \dfrac{10}{12} =$

⑪ $\dfrac{14}{18} - \dfrac{25}{27} =$

⑫ $\dfrac{11}{14} - \dfrac{20}{21} =$

⑬ $\dfrac{14}{18} - \dfrac{53}{54} =$

⑭ $\dfrac{8}{10} - \dfrac{40}{45} =$

재미있게 공부 하는 문장 수학 논술 문제	19. 예은이네 집에서 할머니 댁까지는 $\dfrac{5}{4}$ km이고 거기서 약수터 까지는 $\dfrac{6}{5}$ km입니다. 예은이네 집에서 약수터까지의 거리는 총 몇 km일까요?

■ 다음 분수를 통분만 하시오.

① $\dfrac{2}{4} - \dfrac{4}{6} =$

② $\dfrac{1}{3} - \dfrac{7}{8} =$

③ $\dfrac{7}{10} - \dfrac{9}{12} =$

④ $\dfrac{2}{5} - \dfrac{14}{17} =$

⑤ $\dfrac{11}{15} - \dfrac{13}{20} =$

⑥ $\dfrac{13}{16} - \dfrac{35}{40} =$

⑦ $\dfrac{16}{18} - \dfrac{26}{27} =$

⑧ $\dfrac{6}{8} - \dfrac{9}{10} =$

⑨ $\dfrac{4}{6} - \dfrac{10}{12} =$

⑩ $\dfrac{4}{6} - \dfrac{17}{18} =$

⑪ $\dfrac{9}{11} - \dfrac{73}{77} =$

⑫ $\dfrac{7}{10} - \dfrac{35}{40} =$

⑬ $\dfrac{2}{4} - \dfrac{10}{11} =$

⑭ $\dfrac{9}{12} - \dfrac{12}{20} =$

식을 세워 보자! _____

정답 : (   )

■ 다음 분수를 통분만 하시오.

❶ $\dfrac{2}{4} - \dfrac{3}{9} =$

❷ $\dfrac{1}{5} - \dfrac{1}{8} =$

❸ $\dfrac{6}{10} - \dfrac{10}{20} =$

❹ $\dfrac{3}{8} - \dfrac{15}{36} =$

❺ $\dfrac{9}{12} - \dfrac{8}{18} =$

❻ $\dfrac{1}{4} - \dfrac{12}{18} =$

❼ $\dfrac{10}{14} - \dfrac{42}{49} =$

❽ $\dfrac{2}{4} - \dfrac{2}{10} =$

❾ $\dfrac{1}{2} - \dfrac{2}{5} =$

❿ $\dfrac{1}{12} - \dfrac{7}{42} =$

⓫ $\dfrac{3}{5} - \dfrac{7}{15} =$

⓬ $\dfrac{8}{11} - \dfrac{15}{33} =$

⓭ $\dfrac{9}{12} - \dfrac{10}{30} =$

⓮ $\dfrac{12}{16} - \dfrac{16}{20} =$

재미있게 공부 하는 문장 수학 논술 문제	20. 예준이에게 사탕봉지의 $\dfrac{2}{7}$ 를 주었습니다. 사탕봉지에 남은 사탕은 얼마입니까?

■ 다음 분수를 통분만 하시오.

❶ $\dfrac{2}{3} - \dfrac{1}{4} =$

❷ $\dfrac{5}{12} - \dfrac{10}{15} =$

❸ $\dfrac{2}{6} - \dfrac{10}{12} =$

❹ $\dfrac{5}{11} - \dfrac{22}{44} =$

❺ $\dfrac{5}{18} - \dfrac{21}{30} =$

❻ $\dfrac{7}{9} - \dfrac{24}{27} =$

❼ $\dfrac{11}{15} - \dfrac{15}{18} =$

❽ $\dfrac{3}{6} - \dfrac{3}{9} =$

❾ $\dfrac{6}{10} - \dfrac{6}{18} =$

❿ $\dfrac{10}{15} - \dfrac{17}{20} =$

⓫ $\dfrac{6}{21} - \dfrac{14}{28} =$

⓬ $\dfrac{4}{6} - \dfrac{13}{15} =$

⓭ $\dfrac{11}{15} - \dfrac{21}{25} =$

⓮ $\dfrac{2}{8} - \dfrac{9}{12} =$

식을 세워 보자! _____

정답 : (   )

■ 다음 분수를 통분만 하시오.

❶ $\dfrac{1}{3} - \dfrac{8}{10} =$

❷ $\dfrac{3}{5} - \dfrac{11}{12} =$

❸ $\dfrac{3}{5} - \dfrac{10}{11} =$

❹ $\dfrac{5}{7} - \dfrac{61}{63} =$

❺ $\dfrac{6}{8} - \dfrac{25}{28} =$

❻ $\dfrac{11}{13} - \dfrac{75}{78} =$

❼ $\dfrac{14}{18} - \dfrac{23}{24} =$

❽ $\dfrac{2}{4} - \dfrac{6}{7} =$

❾ $\dfrac{4}{7} - \dfrac{13}{14} =$

❿ $\dfrac{9}{12} - \dfrac{12}{15} =$

⓫ $\dfrac{2}{4} - \dfrac{21}{24} =$

⓬ $\dfrac{19}{24} - \dfrac{31}{32} =$

⓭ $\dfrac{5}{12} - \dfrac{15}{30} =$

⓮ $\dfrac{9}{14} - \dfrac{25}{35} =$

⑮ $\dfrac{1}{6} - \dfrac{3}{8} =$

⑯ $\dfrac{3}{6} - \dfrac{5}{10} =$

⑰ $\dfrac{5}{10} - \dfrac{15}{20} =$

⑱ $\dfrac{4}{6} - \dfrac{12}{15} =$

⑲ $\dfrac{9}{12} - \dfrac{30}{32} =$

⑳ $\dfrac{11}{18} - \dfrac{25}{27} =$

테스트 결과표

성취도 테스트 문제는 앞 장의 공부가 끝나고 얼마나 정확하고 빠르게 습득했는지를 알아보기 위한 확인과정의 테스트입니다.

아이가 무엇을 이해 못하는지 어느 부분에서 실수를 하는지 보완하고 잡아주기 위한 자료로 활용하시면 아이에게 큰 도움이 될 것입니다.

정답수	20문제	18문제	16문제	16문제 이하
성취도	**아주 잘함**	**잘함**	**보통**	**부족함**

80단계 성취도문제 정답		

① $\dfrac{10}{30} - \dfrac{24}{30}$ ② $\dfrac{36}{60} - \dfrac{55}{60}$ ③ $\dfrac{33}{55} - \dfrac{50}{55}$ ④ $\dfrac{45}{63} - \dfrac{61}{63}$ ⑤ $\dfrac{42}{56} - \dfrac{50}{56}$ ⑥ $\dfrac{66}{78} - \dfrac{75}{78}$ ⑦ $\dfrac{56}{72} - \dfrac{69}{72}$ ⑧ $\dfrac{14}{28} - \dfrac{24}{28}$ ⑨ $\dfrac{8}{14} - \dfrac{13}{14}$ ⑩ $\dfrac{45}{60} - \dfrac{48}{60}$

⑪ $\dfrac{12}{24} - \dfrac{21}{24}$ ⑫ $\dfrac{76}{96} - \dfrac{93}{96}$ ⑬ $\dfrac{25}{60} - \dfrac{30}{60}$ ⑭ $\dfrac{45}{70} - \dfrac{50}{70}$ ⑮ $\dfrac{4}{24} - \dfrac{9}{24}$ ⑯ $\dfrac{15}{30} - \dfrac{15}{30}$ ⑰ $\dfrac{10}{20} - \dfrac{15}{20}$ ⑱ $\dfrac{20}{30} - \dfrac{24}{30}$ ⑲ $\dfrac{72}{96} - \dfrac{90}{96}$ ⑳ $\dfrac{33}{54} - \dfrac{50}{54}$

80단계 문장 수학 논술 문제 정답

17.식 $\dfrac{3}{7} + \dfrac{5}{6} = \dfrac{18}{42} + \dfrac{35}{42} = \dfrac{53}{42}$ 답 $1\dfrac{11}{42}$

18.식 $\dfrac{5}{12} + \dfrac{4}{9} = \dfrac{15}{36} + \dfrac{16}{36}$ 답 $\dfrac{31}{36}$

19.식 $\dfrac{5}{4} + \dfrac{6}{5} = \dfrac{25}{20} + \dfrac{24}{20} = \dfrac{49}{20}$ 답 $2\dfrac{9}{20}$

20.식 $\dfrac{7}{7} - \dfrac{2}{7}$ 답 $\dfrac{5}{7}$

01 | 종합문제

계단식으로 나눗셈을 거듭해서 최대공약수를 찾으시오.

❶ 7 · 28 =

❷ 12 · 38 =

❸ 15 · 24 =

❹ 5 · 20 =

❺ 6 · 24 =

❻ 24 · 40 =

❼ 9 · 15 =

❽ 30 · 48 =

❾ 24 · 72 =

❿ 36 · 63 =

⑪ 16 · 48 =

⑫ 8 · 40 =

⑬ 12 · 48 =

⑭ 10 · 16 =

⑮ 9 · 36 =

⑯ 6 · 14 =

⑰ 4 · 10 =

⑱ 18 · 72 =

⑲ 28 · 74 =

⑳ 12 · 20 =

02 | 종합문제

■ 계단식으로 나눗셈을 거듭해서 최소공배수를 찾으시오.

❶ 3 · 15 =

❷ 11 · 22 =

❸ 6 · 8 =

❹ 5 · 8 =

❺ 3 · 9 =

❻ 9 · 21 =

❼ 2 · 4 =

❽ 5 · 7 =

❾ 5 · 16 =

❿ 11 · 22 =

⓫ 5 · 7 =

⓬ 5 · 15 =

⓭ 4 · 17 =

⓮ 13 · 91 =

⓯ 3 · 17 =

⓰ 12 · 28 =

⓱ 10 · 50 =

⓲ 18 · 45 =

⓳ 18 · 27 =

⓴ 11 · 55 =

03 | 종합문제

■ 다음 분수를 약분하시오.

① $\dfrac{6}{8} =$

② $\dfrac{25}{45} =$

③ $\dfrac{9}{12} =$

④ $\dfrac{6}{10} =$

⑤ $\dfrac{2}{6} =$

⑥ $\dfrac{13}{52} =$

⑦ $\dfrac{8}{32} =$

⑧ $\dfrac{14}{21} =$

⑨ $\dfrac{9}{21} =$

⑩ $\dfrac{6}{16} =$

⑪ $\dfrac{10}{14} =$

⑫ $\dfrac{9}{24} =$

⑬ $\dfrac{8}{12} =$

⑭ $\dfrac{16}{28} =$

04 | 종합문제

■ 다음 분수를 통분만 하시오.

❶ $\dfrac{2}{4} - \dfrac{1}{3} =$

❷ $\dfrac{10}{12} - \dfrac{2}{5} =$

❸ $\dfrac{2}{3} - \dfrac{4}{6} =$

❹ $\dfrac{7}{9} - \dfrac{2}{3} =$

❺ $\dfrac{9}{16} - \dfrac{2}{4} =$

❻ $\dfrac{12}{14} - \dfrac{1}{5} =$

❼ $\dfrac{9}{12} - \dfrac{7}{10} =$

❽ $\dfrac{4}{6} - \dfrac{2}{4} =$

❾ $\dfrac{3}{5} - \dfrac{2}{4} =$

❿ $\dfrac{9}{12} - \dfrac{7}{10} =$

⓫ $\dfrac{2}{2} - \dfrac{10}{15} =$

⓬ $\dfrac{2}{4} - \dfrac{3}{9} =$

⓭ $\dfrac{7}{8} - \dfrac{3}{5} =$

⓮ $\dfrac{6}{10} - \dfrac{10}{20} =$

초등수학 수준별 능력별 계산법 프로그램

분수 · 소수의 덧셈과 뺄셈

실력편
정답

실력편 01

❶ 66.7 ❷ 42.7 ❸ 4.5 ❹ 16.4
❺ 1.6 ❻ 2.69 ❼ 3.9 ❽ 3.39
❾ 3.69 ❿ 3.15 ⓫ 2.88 ⓬ 1.44

실력편 02

❶ 4.1 ❷ 3.1 ❸ 3.13 ❹ 4.37
❺ 1.94 ❻ 2.82 ❼ 4.67 ❽ 3.93
❾ 1.61 ❿ 3.19 ⓫ 1.44 ⓬ 3.13

실력편 03

❶ 1.5 ❷ 2 ❸ 2.3 ❹ 2.05
❺ 15.13 ❻ 1.75 ❼ 2.82 ❽ 1.69
❾ 2.25 ❿ 3.06 ⓫ 3.08 ⓬ 3.75

실력편 04

❶ 2.3 ❷ 2.5 ❸ 5.9 ❹ 8.9
❺ 2.44 ❻ 1.54 ❼ 1.87 ❽ 1.24
❾ 2.59 ❿ 4.56 ⓫ 4.72 ⓬ 1.26

실력편 05

❶ 3.2 ❷ 5.4 ❸ 1.51 ❹ 2.17
❺ 1.93 ❻ 2.44 ❼ 2.2 ❽ 3.49
❾ 4.99 ❿ 2.18 ⓫ 1.57 ⓬ 2.44

실력편 06

❶ 1.3 ❷ 2.2 ❸ 2.17 ❹ 1.2
❺ 2.1 ❻ 2.33 ❼ 3.84 ❽ 4.2
❾ 4.55 ❿ 3.05 ⓫ 1.47 ⓬ 3.69

실력편 07

❶ 3.7 ❷ 1.7 ❸ 2.56 ❹ 1.29
❺ 1.94 ❻ 2.08 ❼ 35.6 ❽ 2.8
❾ 1.03 ❿ 3.69 ⓫ 2.16 ⓬ 3.22

실력편 08

❶ 9.5 ❷ 2.5 ❸ 8.6 ❹ 2.7
❺ 13.4 ❻ 1.74 ❼ 5.68 ❽ 3.22
❾ 2.22 ❿ 1.53 ⓫ 1.84 ⓬ 2.15

실력편 01

❶ 7 　❷ 3 　❸ 2 　❹ 4
❺ 2 　❻ 2 　❼ 3 　❽ 12
❾ 8 　❿ 7 　⓫ 4 　⓬ 8
⓭ 7 　⓮ 18 　⓯ 33 　⓰ 26

실력편 02

❶ 3 　❷ 8 　❸ 5 　❹ 9
❺ 12 　❻ 4 　❼ 26 　❽ 11
❾ 4 　❿ 3 　⓫ 8 　⓬ 7
⓭ 13 　⓮ 24 　⓯ 6 　⓰ 4

실력편 03

❶ 6 　❷ 8 　❸ 8 　❹ 3
❺ 13 　❻ 9 　❼ 16 　❽ 13
❾ 4 　❿ 5 　⓫ 2 　⓬ 7
⓭ 3 　⓮ 4 　⓯ 15 　⓰ 18

실력편 04

❶ 3 　❷ 6 　❸ 6 　❹ 7
❺ 24 　❻ 7 　❼ 9 　❽ 9
❾ 10 　❿ 5 　⓫ 4 　⓬ 13
⓭ 8 　⓮ 8 　⓯ 5 　⓰ 3

실력편 05

❶ 16 　❷ 5 　❸ 8 　❹ 13
❺ 12 　❻ 18 　❼ 5 　❽ 4
❾ 7 　❿ 13 　⓫ 7 　⓬ 8
⓭ 9 　⓮ 3 　⓯ 2 　⓰ 13

실력편 06

❶ 12 　❷ 9 　❸ 2 　❹ 26
❺ 7 　❻ 22 　❼ 4 　❽ 9
❾ 7 　❿ 5 　⓫ 7 　⓬ 6
⓭ 18 　⓮ 18 　⓯ 9 　⓰ 8

실력편 07

❶ 9 　❷ 4 　❸ 2 　❹ 15
❺ 9 　❻ 7 　❼ 8 　❽ 7
❾ 5 　❿ 14 　⓫ 13 　⓬ 13
⓭ 7 　⓮ 7 　⓯ 4 　⓰ 24

실력편 08

❶ 2 　❷ 2 　❸ 18 　❹ 5
❺ 2 　❻ 9 　❼ 4 　❽ 21
❾ 6 　❿ 24 　⓫ 2 　⓬ 6
⓭ 8 　⓮ 9 　⓯ 21 　⓰ 4

실력편 01

① $\dfrac{3}{4}$	② $\dfrac{4}{9}$	③ $\dfrac{3}{4}$	④ $\dfrac{5}{14}$
⑤ $\dfrac{1}{3}$	⑥ $\dfrac{2}{3}$	⑦ $\dfrac{1}{4}$	⑧ $\dfrac{13}{33}$
⑨ $\dfrac{13}{28}$	⑩ $\dfrac{4}{7}$	⑪ $\dfrac{2}{3}$	⑫ $\dfrac{1}{2}$
⑬ $\dfrac{3}{7}$	⑭ $\dfrac{4}{7}$		

실력편 02

① $\dfrac{1}{3}$	② $\dfrac{4}{5}$	③ $\dfrac{1}{4}$	④ $\dfrac{3}{4}$
⑤ $\dfrac{1}{5}$	⑥ $\dfrac{3}{4}$	⑦ $\dfrac{5}{18}$	⑧ $\dfrac{2}{9}$
⑨ $\dfrac{1}{4}$	⑩ $\dfrac{3}{5}$	⑪ $\dfrac{1}{3}$	⑫ $\dfrac{1}{4}$
⑬ $\dfrac{1}{2}$	⑭ $\dfrac{7}{8}$		

실력편 03

① $\dfrac{3}{7}$	② $\dfrac{3}{7}$	③ $\dfrac{5}{7}$	④ $\dfrac{5}{8}$
⑤ $\dfrac{9}{4}$	⑥ $\dfrac{7}{12}$	⑦ $\dfrac{2}{5}$	⑧ $\dfrac{5}{6}$
⑨ $\dfrac{5}{7}$	⑩ $\dfrac{5}{8}$	⑪ $\dfrac{1}{2}$	⑫ $\dfrac{2}{3}$
⑬ $\dfrac{11}{24}$	⑭ $\dfrac{3}{5}$		

실력편 04

① $\dfrac{2}{3}$	② $\dfrac{4}{7}$	③ $\dfrac{5}{9}$	④ $\dfrac{5}{16}$
⑤ $\dfrac{5}{6}$	⑥ $\dfrac{1}{3}$	⑦ $\dfrac{4}{7}$	⑧ $\dfrac{5}{6}$
⑨ $\dfrac{3}{7}$	⑩ $\dfrac{1}{6}$	⑪ $\dfrac{1}{6}$	⑫ $\dfrac{3}{4}$
⑬ $\dfrac{2}{3}$	⑭ $\dfrac{1}{4}$		

실력편 05

① $\dfrac{3}{5}$	② $\dfrac{7}{8}$	③ $\dfrac{1}{4}$	④ $\dfrac{1}{2}$
⑤ $\dfrac{5}{9}$	⑥ $\dfrac{3}{8}$	⑦ $\dfrac{3}{4}$	⑧ $\dfrac{2}{3}$
⑨ $\dfrac{3}{7}$	⑩ $\dfrac{1}{3}$	⑪ $\dfrac{1}{2}$	⑫ $\dfrac{4}{7}$
⑬ $\dfrac{2}{5}$	⑭ $\dfrac{3}{8}$		

실력편 06

① $\dfrac{2}{3}$	② $\dfrac{1}{2}$	③ $\dfrac{5}{6}$	④ $\dfrac{4}{7}$
⑤ $\dfrac{3}{5}$	⑥ $\dfrac{3}{8}$	⑦ $\dfrac{2}{9}$	⑧ $\dfrac{1}{3}$
⑨ $\dfrac{2}{3}$	⑩ $\dfrac{1}{3}$	⑪ $\dfrac{3}{5}$	⑫ $\dfrac{3}{5}$
⑬ $\dfrac{3}{5}$	⑭ $\dfrac{2}{7}$		

실력편 07

① $\dfrac{3}{8}$	② $\dfrac{5}{6}$	③ $\dfrac{4}{7}$	④ $\dfrac{1}{3}$
⑤ $\dfrac{3}{8}$	⑥ $\dfrac{3}{8}$	⑦ $\dfrac{4}{7}$	⑧ $\dfrac{5}{7}$
⑨ $\dfrac{1}{6}$	⑩ $\dfrac{5}{6}$	⑪ $\dfrac{2}{3}$	⑫ $\dfrac{5}{8}$
⑬ $\dfrac{3}{4}$	⑭ $\dfrac{5}{6}$		

실력편 08

① $\dfrac{3}{5}$	② $\dfrac{4}{7}$	③ $\dfrac{4}{7}$	④ $\dfrac{4}{9}$
⑤ $\dfrac{2}{5}$	⑥ $\dfrac{2}{5}$	⑦ $\dfrac{5}{8}$	⑧ $\dfrac{3}{4}$
⑨ $\dfrac{1}{2}$	⑩ $\dfrac{5}{9}$	⑪ $\dfrac{4}{7}$	⑫ $\dfrac{3}{5}$
⑬ $\dfrac{4}{5}$	⑭ $\dfrac{5}{6}$		

실력편 01
❶ 15 　❷ 30 　❸ 22 　❹ 65
❺ 32 　❻ 48 　❼ 12 　❽ 60
❾ 8 　❿ 60 　⓫ 12 　⓬ 90
⓭ 24 　⓮ 60

실력편 02
❶ 24 　❷ 76 　❸ 40 　❹ 28
❺ 72 　❻ 36 　❼ 15 　❽ 98
❾ 26 　❿ 85 　⓫ 63 　⓬ 60
⓭ 51 　⓮ 48

실력편 03
❶ 9 　❷ 33 　❸ 63 　❹ 24
❺ 65 　❻ 96 　❼ 70 　❽ 36
❾ 28 　❿ 15 　⓫ 28 　⓬ 85
⓭ 24 　⓮ 90

실력편 04
❶ 4 　❷ 51 　❸ 35 　❹ 40
❺ 80 　❻ 18 　❼ 22 　❽ 20
❾ 98 　❿ 60 　⓫ 75 　⓬ 54
⓭ 48 　⓮ 96

실력편 05
❶ 35 　❷ 20 　❸ 15 　❹ 27
❺ 30 　❻ 35 　❼ 48 　❽ 72
❾ 84 　❿ 32 　⓫ 48 　⓬ 54
⓭ 51 　⓮ 65

실력편 06
❶ 68 　❷ 60 　❸ 91 　❹ 45
❺ 72 　❻ 70 　❼ 40 　❽ 90
❾ 42 　❿ 40 　⓫ 48 　⓬ 85
⓭ 15 　⓮ 80

실력편 07
❶ 51 　❷ 75 　❸ 84 　❹ 36
❺ 70 　❻ 78 　❼ 90 　❽ 78
❾ 80 　❿ 76 　⓫ 66 　⓬ 32
⓭ 84 　⓮ 65

실력편 08
❶ 50 　❷ 98 　❸ 90 　❹ 84
❺ 54 　❻ 38 　❼ 55 　❽ 60
❾ 60 　❿ 90 　⓫ 52 　⓬ 90
⓭ 96 　⓮ 48

실력편 01

1. $\dfrac{4}{12}\ \dfrac{6}{12}$
2. $\dfrac{5}{10}\ \dfrac{6}{10}$
3. $\dfrac{4}{6}\ \dfrac{4}{6}$
4. $\dfrac{36}{90}\ \dfrac{15}{90}$
5. $\dfrac{9}{15}\ \dfrac{9}{15}$
6. $\dfrac{21}{42}\ \dfrac{23}{42}$
7. $\dfrac{70}{91}\ \dfrac{88}{91}$
8. $\dfrac{10}{40}\ \dfrac{16}{40}$
9. $\dfrac{15}{30}\ \dfrac{8}{30}$
10. $\dfrac{5}{20}\ \dfrac{6}{20}$
11. $\dfrac{35}{56}\ \dfrac{44}{56}$
12. $\dfrac{60}{90}\ \dfrac{48}{90}$
13. $\dfrac{14}{42}\ \dfrac{33}{42}$
14. $\dfrac{45}{78}\ \dfrac{38}{78}$

실력편 02

1. $\dfrac{8}{16}\ \dfrac{9}{16}$
2. $\dfrac{27}{45}\ \dfrac{20}{45}$
3. $\dfrac{42}{60}\ \dfrac{45}{60}$
4. $\dfrac{28}{36}\ \dfrac{31}{36}$
5. $\dfrac{49}{84}\ \dfrac{60}{84}$
6. $\dfrac{70}{98}\ \dfrac{84}{98}$
7. $\dfrac{39}{48}\ \dfrac{42}{48}$
8. $\dfrac{3}{6}\ \dfrac{2}{6}$
9. $\dfrac{32}{48}\ \dfrac{36}{48}$
10. $\dfrac{20}{30}\ \dfrac{26}{30}$
11. $\dfrac{51}{85}\ \dfrac{70}{85}$
12. $\dfrac{24}{30}\ \dfrac{24}{30}$
13. $\dfrac{80}{90}\ \dfrac{84}{90}$
14. $\dfrac{33}{36}\ \dfrac{32}{36}$

실력편 03

1. $\dfrac{10}{20}\ \dfrac{12}{20}$
2. $\dfrac{12}{12}\ \dfrac{8}{12}$
3. $\dfrac{30}{30}\ \dfrac{20}{30}$
4. $\dfrac{40}{40}\ \dfrac{32}{40}$
5. $\dfrac{55}{60}\ \dfrac{44}{60}$
6. $\dfrac{32}{40}\ \dfrac{35}{40}$
7. $\dfrac{60}{72}\ \dfrac{69}{72}$
8. $\dfrac{10}{30}\ \dfrac{21}{30}$
9. $\dfrac{26}{39}\ \dfrac{30}{39}$
10. $\dfrac{6}{15}\ \dfrac{11}{15}$
11. $\dfrac{33}{42}\ \dfrac{36}{42}$
12. $\dfrac{39}{48}\ \dfrac{42}{48}$
13. $\dfrac{30}{36}\ \dfrac{33}{36}$
14. $\dfrac{55}{75}\ \dfrac{63}{75}$

실력편 04

1. $\dfrac{24}{40}\ \dfrac{35}{40}$
2. $\dfrac{3}{6}\ \dfrac{2}{6}$
3. $\dfrac{24}{60}\ \dfrac{50}{60}$
4. $\dfrac{77}{98}\ \dfrac{94}{98}$
5. $\dfrac{22}{26}\ \dfrac{25}{26}$
6. $\dfrac{50}{65}\ \dfrac{63}{65}$
7. $\dfrac{16}{20}\ \dfrac{19}{20}$
8. $\dfrac{14}{28}\ \dfrac{24}{28}$
9. $\dfrac{14}{28}\ \dfrac{26}{28}$
10. $\dfrac{70}{84}\ \dfrac{82}{84}$
11. $\dfrac{39}{65}\ \dfrac{50}{65}$
12. $\dfrac{24}{60}\ \dfrac{55}{60}$
13. $\dfrac{30}{36}\ \dfrac{34}{36}$
14. $\dfrac{8}{12}\ \dfrac{9}{12}$

실력편 05

1. $\dfrac{7}{9}\ \dfrac{6}{9}$
2. $\dfrac{42}{35}\ \dfrac{30}{35}$
3. $\dfrac{14}{70}\ \dfrac{60}{70}$
4. $\dfrac{27}{36}\ \dfrac{30}{36}$
5. $\dfrac{32}{80}\ \dfrac{70}{80}$
6. $\dfrac{30}{36}\ \dfrac{35}{36}$
7. $\dfrac{55}{65}\ \dfrac{64}{65}$
8. $\dfrac{30}{40}\ \dfrac{36}{40}$
9. $\dfrac{7}{14}\ \dfrac{8}{14}$
10. $\dfrac{15}{24}\ \dfrac{20}{24}$
11. $\dfrac{42}{54}\ \dfrac{50}{54}$
12. $\dfrac{33}{42}\ \dfrac{40}{42}$
13. $\dfrac{42}{54}\ \dfrac{53}{54}$
14. $\dfrac{72}{90}\ \dfrac{80}{90}$

실력편 06

1. $\dfrac{6}{12}\ \dfrac{8}{12}$
2. $\dfrac{8}{24}\ \dfrac{21}{24}$
3. $\dfrac{42}{60}\ \dfrac{45}{60}$
4. $\dfrac{34}{85}\ \dfrac{70}{85}$
5. $\dfrac{44}{60}\ \dfrac{39}{60}$
6. $\dfrac{65}{80}\ \dfrac{70}{80}$
7. $\dfrac{48}{54}\ \dfrac{52}{54}$
8. $\dfrac{30}{40}\ \dfrac{36}{40}$
9. $\dfrac{8}{12}\ \dfrac{10}{12}$
10. $\dfrac{12}{18}\ \dfrac{17}{18}$
11. $\dfrac{63}{77}\ \dfrac{73}{77}$
12. $\dfrac{28}{40}\ \dfrac{35}{40}$
13. $\dfrac{22}{44}\ \dfrac{40}{44}$
14. $\dfrac{45}{60}\ \dfrac{36}{60}$

실력편 07

1. $\dfrac{18}{36}\ \dfrac{12}{36}$
2. $\dfrac{8}{40}\ \dfrac{5}{40}$
3. $\dfrac{12}{20}\ \dfrac{10}{20}$
4. $\dfrac{27}{72}\ \dfrac{30}{72}$
5. $\dfrac{27}{36}\ \dfrac{16}{36}$
6. $\dfrac{9}{36}\ \dfrac{24}{36}$
7. $\dfrac{70}{98}\ \dfrac{84}{98}$
8. $\dfrac{10}{20}\ \dfrac{4}{20}$
9. $\dfrac{5}{10}\ \dfrac{4}{10}$
10. $\dfrac{7}{84}\ \dfrac{14}{84}$
11. $\dfrac{9}{15}\ \dfrac{7}{15}$
12. $\dfrac{24}{33}\ \dfrac{15}{33}$
13. $\dfrac{45}{60}\ \dfrac{20}{60}$
14. $\dfrac{60}{80}\ \dfrac{64}{80}$

실력편 08

1. $\dfrac{8}{12}\ \dfrac{3}{12}$
2. $\dfrac{25}{60}\ \dfrac{40}{60}$
3. $\dfrac{4}{12}\ \dfrac{10}{12}$
4. $\dfrac{20}{44}\ \dfrac{22}{44}$
5. $\dfrac{25}{90}\ \dfrac{63}{90}$
6. $\dfrac{21}{27}\ \dfrac{24}{27}$
7. $\dfrac{66}{90}\ \dfrac{75}{90}$
8. $\dfrac{9}{18}\ \dfrac{6}{18}$
9. $\dfrac{54}{90}\ \dfrac{30}{90}$
10. $\dfrac{40}{60}\ \dfrac{51}{60}$
11. $\dfrac{24}{84}\ \dfrac{42}{84}$
12. $\dfrac{20}{30}\ \dfrac{26}{30}$
13. $\dfrac{55}{75}\ \dfrac{63}{75}$
14. $\dfrac{6}{24}\ \dfrac{18}{24}$

실력편 01

❶ 7　❷ 2　❸ 3　❹ 5　❺ 6　❻ 8　❼ 3　❽ 6　❾ 24　❿ 9

⓫ 16　⓬ 8　⓭ 12　⓮ 2　⓯ 9　⓰ 2　⓱ 2　⓲ 18　⓳ 2　⓴ 4

실력편 02

❶ 15　❷ 22　❸ 24　❹ 40　❺ 9　❻ 63　❼ 4　❽ 35　❾ 80　❿ 22

⓫ 35　⓬ 15　⓭ 68　⓮ 91　⓯ 51　⓰ 84　⓱ 50　⓲ 90　⓳ 54　⓴ 55

실력편 03

❶ $\dfrac{3}{4}$　❷ $\dfrac{5}{9}$　❸ $\dfrac{3}{4}$

❹ $\dfrac{3}{5}$　❺ $\dfrac{1}{3}$　❻ $\dfrac{1}{4}$

❼ $\dfrac{1}{4}$　❽ $\dfrac{2}{3}$　❾ $\dfrac{3}{7}$

❿ $\dfrac{3}{8}$　⓫ $\dfrac{5}{7}$　⓬ $\dfrac{3}{8}$

⓭ $\dfrac{2}{3}$　⓮ $\dfrac{4}{7}$

실력편 04

❶ $\dfrac{6}{12} - \dfrac{4}{12}$　❷ $\dfrac{50}{60} - \dfrac{24}{60}$　❸ $\dfrac{4}{6} - \dfrac{4}{6}$

❹ $\dfrac{7}{9} - \dfrac{6}{9}$　❺ $\dfrac{9}{16} - \dfrac{8}{16}$　❻ $\dfrac{60}{70} - \dfrac{14}{70}$

❼ $\dfrac{45}{60} - \dfrac{42}{60}$　❽ $\dfrac{8}{12} - \dfrac{6}{12}$　❾ $\dfrac{12}{20} - \dfrac{10}{20}$

❿ $\dfrac{45}{60} - \dfrac{42}{60}$　⓫ $\dfrac{30}{30} - \dfrac{20}{30}$　⓬ $\dfrac{18}{36} - \dfrac{12}{36}$

⓭ $\dfrac{35}{40} - \dfrac{24}{40}$　⓮ $\dfrac{12}{20} - \dfrac{10}{20}$